Wander Luis Barbosa Borges
Pedro Henrique Gatto Juliano
Carolina Corrêa Barros

Fertilização líquida do solo

Wander Luis Barbosa Borges
Pedro Henrique Gatto Juliano
Carolina Corrêa Barros

Fertilização líquida do solo

Em pastagens convencionais e em sistemas de plantio direto

ScienciaScripts

Imprint
Any brand names and product names mentioned in this book are subject to trademark, brand or patent protection and are trademarks or registered trademarks of their respective holders. The use of brand names, product names, common names, trade names, product descriptions etc. even without a particular marking in this work is in no way to be construed to mean that such names may be regarded as unrestricted in respect of trademark and brand protection legislation and could thus be used by anyone.

Cover image: www.ingimage.com

This book is a translation from the original published under ISBN 978-620-7-80646-1.

Publisher:
Sciencia Scripts
is a trademark of
Dodo Books Indian Ocean Ltd. and OmniScriptum S.R.L publishing group

120 High Road, East Finchley, London, N2 9ED, United Kingdom
Str. Armeneasca 28/1, office 1, Chisinau MD-2012, Republic of Moldova, Europe
Printed at: see last page
ISBN: 978-620-7-76543-0

Adubação líquida do solo em pastagens convencionais e em sistemas de plantio direto

Wander Luis Barbosa Borges

Pedro Henrique Gatto Juliano

Carolina Corrêa Barros

Autores

Wander Luis Barbosa Borges

Engenheiro Agrónomo, Doutor em Agronomia, Investigador Científico

Agência Paulista de Tecnologia dos Agronegócios (APTA)

Instituto Agronómico (IAC)

Centro Avançado de Pesquisa e Desenvolvimento de Seringueira e Sistemas Agroflorestais

P.O.(B) 61, 15500-970, Votuporanga, Estado de São Paulo, Brasil

wander.borges@sp.gov.br

Pedro Henrique Gatto Juliano

Engenheiro Agrónomo, Mestrado em Agronomia

Universidade Estadual Paulista (UNESP)

Faculdade de Ciências Agrárias e Veterinárias (FCAV)

Programa de Pós-graduação em Agronomia - Ciência do Solo, Jaboticabal, Estado de São Paulo, Brasil

pedrohenriquegj2@gmail.com

Carolina Corrêa Barros

Engenheiro Agrónomo Estudante

Centro Universitário de Votuporanga (UNIFEV)

15503-005, Votuporanga, Estado de São Paulo, Brasil

carolinabarros25@hotmail.com

Para a tua família

Dedicamos-te

Agradecimentos

A Deus pela tua vida.

À Fertec Indústria Comércio Importação e Exportação de Fertilizantes Ltda pelo apoio financeiro para a realização desta pesquisa. Projeto 6229 Fundação de Apoio à Pesquisa Agrícola - FUNDAG.

Ao Conselho Nacional de Desenvolvimento Científico e Tecnológico - CNPq sob a bolsa PIBIC/CNPq/IAC número 100735/2021-5.

A todos os funcionários do Centro Avançado de Pesquisa e Desenvolvimento de Seringueira e Sistemas Agroflorestais do Instituto Agronômico - IAC pelo apoio nas instalações e realização do campo experimental.

Para o Instituto Agronómico - IAC.

Índice

Prefácio

Para atender à crescente demanda por alimentos em todo o mundo, é necessário aumentar a produção e a produtividade das lavouras. No entanto, para viabilizar esse aumento, novas técnicas em sistemas de produção agrícola devem ser estudadas e adotadas por produtores de todo o mundo. Dentre essas técnicas, a fertilização líquida do solo pode ser uma opção para a produção de grãos e forragens.

Capítulo 1: Introdução

O crescimento e o desenvolvimento das culturas requerem condições adequadas de luz, humidade, ar e temperatura, para além de níveis adequados de diversos nutrientes do solo (Chaab et al., 2011; Eisvand et al., 2018). Quando a disponibilidade de nutrientes no solo é limitada, é necessária a aplicação de fertilizantes no solo (Amoah et al., 2012). Os fertilizantes minerais (fertilizantes sólidos) actuam mais rapidamente do que os fertilizantes naturais ou orgânicos para melhorar a fertilidade do solo e, por sua vez, o rendimento das culturas. A aplicação de fertilizantes minerais também pode ajudar a enfrentar os desafios de segurança alimentar trazidos pelo crescimento contínuo da população humana, que exige o aumento da produção de alimentos e rações (Liu et al., 2020; Brodowska et al., 2022). Os fertilizantes minerais, especialmente as entradas de azoto (N), permitiram grandes aumentos de rendimento das culturas desde a década de 1950 (Robertson & Vitousek, 2009). No entanto, o aumento dos preços dos fertilizantes contribuiu para o aumento dos custos de produção da soja, do milho e das pastagens nos últimos anos. A gestão da fertilização é uma estratégia para ajudar os produtores rurais a reduzir os custos e manter uma rentabilidade adequada. Em muitas propriedades rurais, principalmente nas de grande porte, os fertilizantes sólidos são aplicados na superfície em toda a área, e não apenas no sulco de semeadura. Apesar de melhorar a capacidade efetiva das operações de campo (ha h^{-1}), a aplicação superficial de fertilizantes sólidos geralmente aumenta as perdas para o meio ambiente e reduz a eficácia da absorção pelas culturas (Silva et al., 2017).

A baixa eficiência de utilização dos fertilizantes N pelas culturas deve-se a quatro processos que actuam direta e simultaneamente: perdas por volatilização de amoníaco e desnitrificação, escoamento superficial, lixiviação e imobilização microbiana (Lara Cabezas et al., 2000). A aplicação superficial de fertilizantes N sem incorporação pode aumentar as perdas de N por volatilização de amoníaco (NH_3) (Rodrigues & Kiehl, 1986; Lara Cabezas et al., 2000; Prasertsak et al., 2002), especialmente quando se utiliza ureia, Uran$^®$, amoníaco aquoso ou amoníaco anidro (Silva et al., 2017), podendo as perdas atingir mais de 40% (Costa et al., 2003). As perdas de amónia e amónio (NH_4^+) estão também associadas a problemas ambientais, pois a sua sobrecarga provoca um crescimento excessivo das plantas no ecossistema (Vecino et al., 2019). O aproveitamento do fertilizante N pelas plantas pode ser maximizado pela aplicação do fertilizante na região mais ativa do sistema radicular, no estádio fisiológico da cultura com maior demanda de N, em combinação com água e práticas de manejo adequadas (Olson & Kurtz, 1982).

A fertilização líquida pode reduzir as perdas e melhorar a eficiência da fertilização para promover o bom desenvolvimento das culturas. Em comparação com a adubação sólida, a adubação líquida apresenta as seguintes vantagens (Fagundes, 2006): facilidade de armazenamento; redução do tempo de reabastecimento dos tanques acoplados aos tratores e, consequentemente, aumento da eficiência operacional dos equipamentos (Korndörfer & Melo, 2009); economia de nutrientes devido a uma aplicação mais homogênea e controlada; redução dos custos com mão de obra devido ao maior rendimento das aplicações; maior equilíbrio e precisão na dosagem de macronutrientes e micronutrientes devido à facilidade de combinação dos nutrientes; maior eficiência da adubação; melhor uniformidade de aplicação dos fertilizantes devido à solubilização em água; possibilidade de aplicação em qualquer dia e a qualquer hora, mesmo em condições climáticas que impeçam o uso de fertilizantes sólidos; incorporação em maior profundidade com umidade para ativação (Guimarães & Mendes, 1997); redução dos custos de aplicação pela combinação da adubação com a aplicação de defensivos; e redução das doses de fertilizantes (Matiello et al., 2002). O nutriente mais comumente aplicado via adubação líquida é o N, devido à alta demanda das plantas por N, à alta mobilidade do N no solo, à ampla disponibilidade de fertilizantes nitrogenados solúveis em água e ao maior aproveitamento pelas plantas do N aplicado via solução (Vieira, 2000). No entanto, a fertilização líquida também pode ser usada para outros nutrientes.

Os efeitos da fertilização líquida têm sido avaliados em diversas culturas. Matiello et al. (2002), em um ensaio com a cultura do café em Carmo do Paranaíba, Minas Gerais, Brasil, demonstraram que a adubação líquida permitiu reduções de doses de N e potássio (K) de 15% a 20%, principalmente quando foram realizadas aplicações múltiplas. Santinato e Pereira (1996) verificaram que a adubação líquida de N e K em cafeeiros em produção permitiu reduções de doses de 15% sem prejudicar a produtividade. Verificaram também que a adubação líquida acidificou menos o solo do que a sólida, mantendo, assim, maior pH, saturação por bases (SB) e porcentagens de cálcio $(Ca)^{2+}$ e magnésio $(Mg)^{2+}$. Fagundes (2006) concluiu que a adubação de cobertura com fertilizante líquido proporciona melhor desenvolvimento vegetativo de cafeeiros recém-plantados no campo do que a adubação sólida convencional. Em uma avaliação da adubação líquida e sólida com N e K em abacaxi 'Smooth Cayenne' no Estado da Paraíba, Brasil, Choairy et al. (1990) observaram que a adubação sólida e líquida com N e K tiveram efeitos semelhantes, pois o número e o peso dos frutos produzidos não diferiram. Entretanto, a aplicação de 193 kg ha^{-1} de N com 159 kg ha^{-1} de óxido de potássio $(K_2 O)$ via líquida em seis pulverizações resultou em maior porcentagem de frutos com peso superior a 1500 g e maior retorno econômico.

Em comparação com a adubação sólida, a adubação líquida apresenta as seguintes desvantagens: formação de precipitados em solução e, às vezes, em suspensão, devido a impurezas como alumínio (Al), ferro (Fe) e Mg; maior viscosidade em condições de baixa temperatura e baixa capacidade de armazenamento da suspensão (Achorn & Cox, 1971); e maior dificuldade na preparação de formulações de fósforo (P) e K (Lee, 1987).

Capítulo 2: Sistema de plantio direto

O uso inadequado de equipamentos de preparo do solo é o principal fator de degradação do solo e dependendo do grau de alteração das propriedades físicas, estas podem produzir condições limitantes ao desenvolvimento das culturas e, consequentemente, afetar a produção (Silva, 2000).

Spera et al. (2005) destacam que solos manejados sob preparo convencional apresentam sérios problemas de compactação, como o desenvolvimento de uma camada subsuperficial endurecida. Por outro lado, o sistema de plantio direto, devido à pequena mobilização do solo, preserva os agregados e suas propriedades de cobertura (Bertol et al. (2004).

O sistema de plantio direto é considerado o manejo mais sustentável e eficiente para a conservação do solo, devido a todos os benefícios promovidos por suas características químicas, físicas e biológicas, tais como: redução do impacto direto das gotas de chuva, aumento da infiltração da água infiltrada, diminuição do escoamento superficial, redução da amplitude térmica e manejo da umidade, redução da infestação de plantas daninhas, aumento do teor de matéria orgânica, ampliação da "janela de semeadura", redução do consumo de combustível e da ciclagem de nutrientes, entre outras vantagens (Borges, 2012).

Devido a todas estas vantagens, o sistema de plantio direto é recomendado sempre que possível, pois é um exemplo de sistema de produção sustentável com benefícios ambientais, sociais e econômicos para toda a sociedade. Produz menos gases de efeito estufa, acumula carbono no solo e reduz as emissões de CO_2, pois exige menos processos agrícolas quando comparado ao sistema de plantio direto convencional, melhora a qualidade da água, reduz a perda de solo, aumenta a produtividade das culturas e a diversificação de produtos, e melhora a rentabilidade da propriedade, incentivando o manejo do agricultor no campo (Borges, 2012).

No entanto, para obter esses resultados, é necessário obedecer a três princípios básicos exigidos pelo sistema de plantio direto: ausência de preparo (sem perturbação do solo), rotação de culturas e cobertura permanente do solo (palha) (Borges, 2012).

Infelizmente, nem todas essas práticas são adotadas na maioria das áreas com o sistema de plantio direto no Brasil. São utilizados apenas resíduos vegetais de culturas anteriores e de plantas daninhas, como a palhada, que, segundo Stone et al. (2006), geralmente são insuficientes para toda a cobertura do solo devido às altas temperaturas associadas à umidade adequada nos trópicos, que promovem sua rápida decomposição. Isso reforça a preocupação de se produzir resíduos vegetais com menor decomposição, o que levaria o resíduo a proteger o solo por um período maior (Ceretta et al., 2002).

Por este motivo, não se recomenda o pousio do solo durante o outono/inverno e a primavera/verão. Na maior parte das vezes, é necessário utilizar culturas de cobertura com palha. As culturas de cobertura devem apresentar um rápido desenvolvimento inicial e alto rendimento de fitomassa, podendo ser utilizadas para produção de grãos, sementes ou forragem, trazendo além dos benefícios do manejo da cobertura do solo, uma receita extra que justifique sua adoção pelos agricultores (Borges, 2012).

Capítulo 3: A investigação

Em contraste com culturas como café, citros e abacaxi, há pouca informação sobre o uso de fertilizantes líquidos no solo para culturas produtoras de grãos, como soja e milho, e em pastagens. Para preencher essa lacuna, avaliamos os efeitos da aplicação de fertilizantes líquidos no solo sobre a absorção de macronutrientes, a produtividade de grãos de soja e milho, a produtividade de matéria seca (DMY) do capim-palissade e a fertilidade química do solo em um sistema de pastagem convencional (CPS) e em um sistema de plantio direto (NTS) no Brasil. Nossa hipótese é que (a) a fertilização líquida do solo é uma alternativa viável à fertilização sólida e (b) a fertilização líquida do solo pode melhorar a fertilidade do solo, a absorção de macronutrientes e, em última análise, a produtividade das culturas em CPS e NTS.

Descrição do local, solo, clima e tratamentos

O experimento foi realizado no Centro Avançado de Pesquisa e Desenvolvimento de Seringueira e Sistemas Agroflorestais do Instituto Agronômico (IAC) da Agência Paulista de Tecnologia dos Agronegócios (APTA), que está localizado no bioma Cerrado, no município de Votuporanga, Estado de São Paulo, Brasil (20°20'S, 49°58'W e 510 m de altitude). O solo da área experimental é classificado como Hapludulto Arênico (Soil Survey Staff, 2014), doravante denominado Ultisol, textura arenosa. O clima da região é tropical com invernos secos (tipo Aw, segundo a classificação de Köppen), com temperaturas médias anuais máximas, mínimas e médias de 31,2°C, 17,4°C e 24°C, respetivamente, e precipitação média anual de 1328,6 mm.

Os dados mensais de evapotranspiração potencial (PET), precipitação (R) e temperatura média (T) em Votuporanga de 1 de maio de 2019 a 31 de maio de 2021 são mostrados na Figura 1. Os dados sobre PET de janeiro de 2020 a maio de 2021 não estavam disponíveis na fonte de dados utilizada.

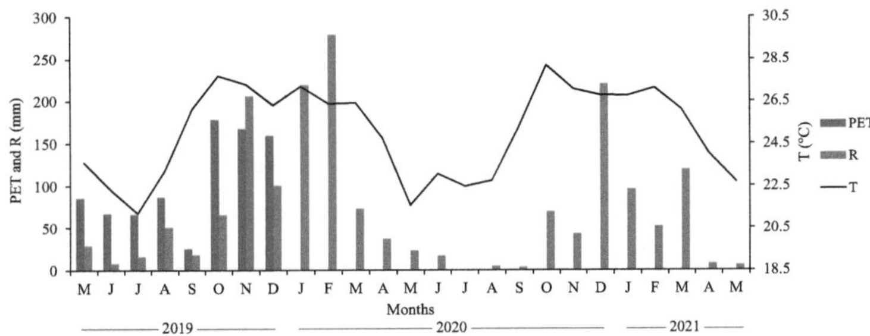

Figura 1. Dados de evapotranspiração potencial (PET), precipitação (R) e temperatura média (T) em Votuporanga, Estado de São Paulo, Brasil, de maio de 2019 a maio de 2021. Fonte: Centro Integrado de Informações Agrometeorológicas - CIIAGRO (2021)

Foram utilizados dois sistemas de cultivo: CPS e NTS. A área total de cada sistema foi de aproximadamente 1,0 ha. As parcelas no SPC tinham 5 m de largura por 5 m de comprimento, totalizando 25 m² . No STN, as parcelas tinham 5 m de largura por 15 m de comprimento, totalizando 75 m² . O delineamento experimental foi o de blocos completos casualizados, com quatro repetições, sendo três tratamentos envolvendo adubação líquida do solo e adubação sólida no SPC e quatro tratamentos envolvendo adubação líquida do solo e adubação sólida no STN. No T1, foram aplicados fertilizantes sólidos (adubação convencional) na DPC e na NTS; No T2, foram aplicados fertilizantes líquidos no solo no sulco de semeadura na NTS; No T3, foram aplicados fertilizantes líquidos no solo em área total na DPC e na NTS; No T4, tratamento controle, não foram aplicados fertilizantes.

Na SPC, em T1, os fertilizantes sólidos foram aplicados manualmente em superfície em área total. No NTS, em T1, o adubo sólido foi aplicado na semeadura do milho e da soja a 0,03 m ao lado e a 0,05 m abaixo das sementes, utilizando-se uma semeadora-adubadora com discos offset; na adubação de cobertura do milho, o adubo sólido foi aplicado a 0,1 m da linha de plantas e a 0,05 m abaixo da superfície do solo, utilizando-se uma adubadora de plantio direto. No NTS, em T2, o fertilizante líquido do solo foi aplicado na semeadura a 0,03 m do sulco, utilizando-se um pulverizador elétrico (modelo Micron Combat

EX 600 L) acoplado à semeadora-adubadora; para a adubação de cobertura do milho, o fertilizante líquido do solo foi aplicado a 0,1 da linha de plantas na superfície do solo, utilizando-se um pulverizador costal. Em T3, no CPS, o adubo líquido foi aplicado na superfície do solo com um pulverizador costal. No NTS, em T3, o fertilizante líquido do solo foi aplicado na sementeira, à superfície do solo, com um pulverizador de dorso; para a fertilização de cobertura do milho, o fertilizante líquido do solo foi aplicado a 0,1 m da linha de plantas, à superfície do solo, com um pulverizador de dorso. Os pormenores da aplicação dos fertilizantes são apresentados nas Figuras 2 a 5.

Figura 2. Aplicação de fertilizantes em T3 no sistema de pastejo convencional (SPC). Foto: Wander L. B. Borges, 12/11/2019.

Figura 3. Semeadura de milho em T1 no sistema de plantio direto (SPD). Foto: Wander L. B. Borges, 13/11/2019.

Figura 4. Aplicação de fertilizantes em T3 no sistema de plantio direto (SPD).
Foto: Wander L. B. Borges, 13/11/2019.

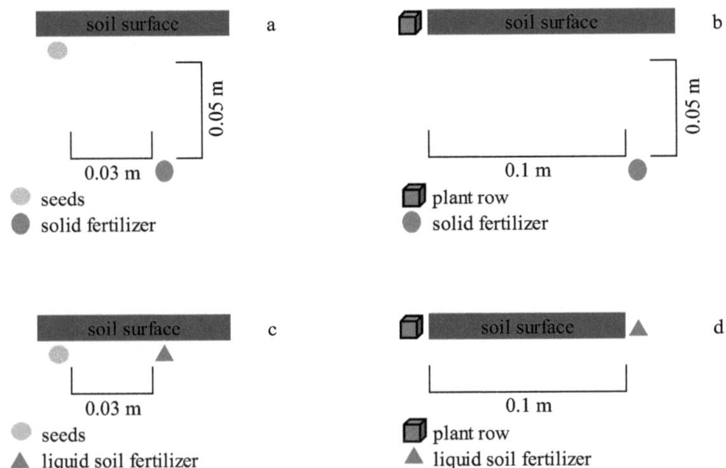

Figura 5. Aplicação de fertilizantes no sistema de plantio direto (SPD): (a) aplicação de fertilizante sólido na semeadura do milho e da soja em T1 no SPD; (b) adubação de cobertura do milho em T1 no SPD; (c) aplicação de fertilizante líquido no solo na semeadura do milho e da soja em T2 no SPD; (d) adubação de cobertura do milho em T2 e T3 no SPD.

Descrição dos sistemas de culturas

A DPC foi implementada em uma área com pastagem recuperada e compreendeu o cultivo de milheto (*Pennisetum glaucum*) (outono-inverno 2008/09), soja (primavera-verão 2009/10)/cânhamo (*Crotalaria juncea*) (outono-inverno 2009/10), e milho consorciado com capim-palma (primavera-verão 2010/11). Em setembro de 2011, foram introduzidos bovinos de carne recém-desmamados, que aí permaneceram até ao abate, e a pastagem não foi reestruturada depois disso. O sistema de pastoreio utilizado no CPS foi contínuo, e a taxa de lotação foi de 1-2 unidades animais ha^{-1} (cada unidade animal é igual a 450 kg de peso vivo) de acordo com a forragem oferecida. Os animais podiam deslocar-se livremente pela pastagem. Quando os animais atingiam um determinado peso, eram retirados, e um novo conjunto de animais era introduzido e pastoreado até um determinado peso. A 29 de janeiro de 2016, foi aplicado à superfície calcário (29% de óxido de cálcio (CaO) e 20% de óxido de magnésio (MgO)) numa dose de 1000 kg ha^{-1} , e a 3 de fevereiro de 2016, foi aplicado à superfície fosfogesso (17% de CaO e 14% de sulfato de enxofre (S)-sulfato (SO$_4$)) numa dose de 300 kg ha^{-1} . A sequência de rotação de culturas com o momento de plantio e colheita no CPS é ilustrada na Figura 6.

Oct	Nov	Dec	Jan	Feb	Mar	Apr	May	Jun	Jul	Aug	Sep
2009/10											
millet		soybean					sunn hemp				
2010/11											
†				‡				closed			§
2011/12											
palisade grass											
2012/13											
palisade grass											
2013/14											
palisade grass											
2014/15											
palisade grass											
2015/16											
palisade grass											
2016/17											
palisade grass											
2017/18											
palisade grass											
2018/19											
palisade grass											

Figura 6. A rotação de culturas utilizada no sistema de pastagem convencional (CPS).

† cânhamo de sol.

‡ milho consorciado com erva-das-palmeiras.

§ Erva-das-paliçadas.

Figura 7. O sistema de pastagem convencional (CPS). Foto: Wander L. B. Borges, 13/02/2020.

O NTS foi implementado em uma área destinada à produção de grãos em um sistema convencional de preparo do solo e foi adotado na temporada 2009/10. As culturas utilizadas nesse sistema foram a soja, o milho, o cânhamo, o sorgo granífero (*Sorghum bicolor*) e um híbrido de sorgo-sudão (*S. bicolor* x *S. sudanense*) consorciado com capim-palma e capim-congo (*U. ruziziensis* syn. *B. ruziziensis*). Na estação de crescimento 2018/19, a soja foi cultivada na estação primavera-verão e o cânhamo solar foi cultivado na estação outono-inverno. A sequência de rotação de culturas com o momento da plantação à colheita no NTS é ilustrada na Figura 8.

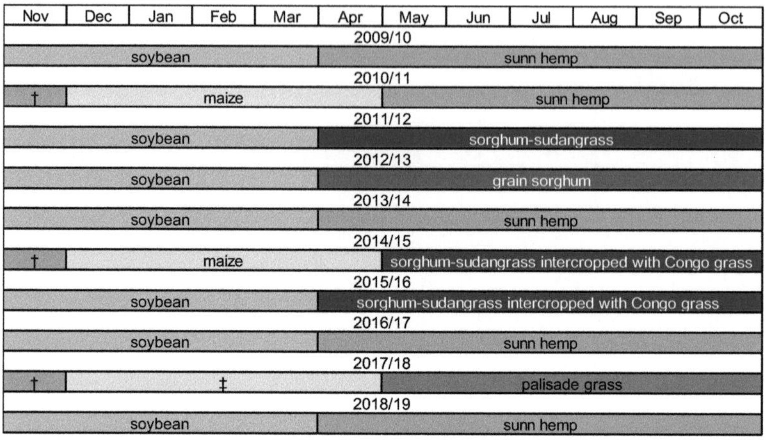

Nov	Dec	Jan	Feb	Mar	Apr	May	Jun	Jul	Aug	Sep	Oct
2009/10											
soybean					sunn hemp						
2010/11											
†	maize				sunn hemp						
2011/12											
soybean					sorghum-sudangrass						
2012/13											
soybean					grain sorghum						
2013/14											
soybean					sunn hemp						
2014/15											
†	maize				sorghum-sudangrass intercropped with Congo grass						
2015/16											
soybean					sorghum-sudangrass intercropped with Congo grass						
2016/17											
soybean					sunn hemp						
2017/18											
†	‡				palisade grass						
2018/19											
soybean					sunn hemp						

Figura 8. A rotação de culturas utilizada no sistema de plantio direto (SPD).

† cânhamo solar .

‡ milho consorciado com erva-das-palmeiras.

Figura 9. Milho no sistema de plantio direto. Foto: Wander L. B. Borges, 02/12/2019.

Figura 10. O sistema de plantio direto (SPD). Foto: Wander L. B. Borges, 13/01/2020.

Gestão das culturas

Época 2019/20

O calendário de tratamentos na época 2019/20, com pormenores sobre a gestão do solo e das culturas, é apresentado no quadro 1.

Quadro 1. Programa de tratamento na época 2019/20.

Data	Atividade	Sistemas de culturas[†]						
		CPS			NTS			
		Tratamentos						
		T1	T3	T4	T1	T2	T3	T4
09/09/2019	colheita de cânhamo do sol[‡]				x	x	x	x
09/10/2019	ceifa de cânhamo sunn				x	x	x	x
11/27/2019	aplicação de fertilizantes	x	x					
11/12/2019	sementeira de erva paliçada				x	x	x	x
11/13/2019	sementeira de milho				x	x	x	x
11/27/2019	primeira adubação de cobertura[§]				x	x	x	x
12/02/2019	segunda adubação de cobertura[¶]				x	x	x	x
01/22/2020	amostragem de folhas				x	x	x	x
02/12/2020	amostragem da erva paliçada	x	x	x				
03/09/2020	colheita do milho				x	x	x	x
06/16/2020	amostragem do solo	x	x	x	x	x	x	x

† Sistema de pastagem convencional: CPS; sistema de plantio direto: NTS.

‡ Colheita de cânhamo Sunn para a produção de sementes.

§ Primeira adubação de cobertura do milho.

Segunda fertilização de cobertura do milho.

No CPS, foi mantida a pastagem de capim paliçada. Em T1, foram aplicados 300 kg ha^{-1} de adubo sólido 10-10-10 (10% N, 10% pentóxido de fósforo (P O_{25}), e 10% $K_2 O$). Em T3, foram aplicados 12,0 L ha^{-1} de NYon Phós 10-10-10, 2,0 L ha^{-1} de NYon Power Mag, e 2,0 L ha^{-1} de fertilizantes líquidos NYon Solo Ca+S.

No NTS, o capim paliçada foi semeado em sistema de difusão (manual) utilizando 20 kg ha^{-1} de sementes de forrageiras com valor cultural de 50% em 12 de novembro de 2019. O valor cultural da semente indica a qualidade da semente e é calculado de acordo com a seguinte fórmula: Valor cultural =

(%germinação x %pureza) / 100. O híbrido de milho Forseed FS533 PWU foi semeado mecanicamente sobre a palhada de capim-palanque, sob plantio direto, com espaçamento entre linhas de 0,5 m e densidade de 4 sementes m^{-1} (espaçamento entre plantas de 0,25 m). A adubação de base foi realizada na semeadura na dose de 250 kg ha^{-1} de adubo sólido 08-28-16 (8% N, 28% P O_{25} , e 16% K_2 O) em T1. Em T2 e T3, a adubação foi realizada na dose de 30,0 L ha^{-1} de NYon Phós 06-19-11, 2,0 L ha^{-1} de NYon Power Mag, e 2,0 L ha^{-1} de NYon Solo Ca+S fertilizantes líquidos para o solo. A primeira adubação de cobertura do milho foi realizada com adubo sólido 20-00-20 (20% N e 20% K_2 O) na dose de 250 kg ha^{-1} em T1. Em T2 e T3, a primeira fertilização de cobertura do milho foi aplicada numa dose de 15.0 L ha^{-1} de Acelere NK, 15.0 L ha^{-1} de Acelere NS, 2.0 L ha^{-1} de NYon Power Mag, e 2.0 L ha^{-1} de NYon Solo Ca+S fertilizantes líquidos do solo. A segunda adubação de cobertura do milho foi realizada com sulfato de amônio $(NH_4)_2SO_4$ (20% N e 22% S-SO_4) na dose de 250 kg ha^{-1} em T1. Em T2 e T3, a segunda adubação de cobertura do milho foi aplicada na dose de 25,0 L ha^{-1} de Acelere NS, 2,0 L ha^{-1} de NYon Power Mag, e 2,0 L ha^{-1} de fertilizantes líquidos de solo NYon Solo Ca+S.

Temporada 2020/21

O calendário de tratamentos na época 2020/21, com pormenores sobre a gestão do solo e das culturas, é apresentado no quadro 2.

Quadro 2. Programa de tratamento na época 2020/21.

Data	Atividade	Sistemas de culturas†						
		CPS			NTS			
		Tratamentos						
		T1	T3	T4	T1	T2	T3	T4
12/16/2020	sementeira de soja				x	x	x	x
12/23/2020	aplicação de fertilizantes	x	x					
02/16/2021	erva de paliçada‡	x	x	x				
02/16/2021	amostragem de folhas				x	x	x	x
03/31/2021	colheita de soja				x	x	x	x

| 04/01/2021 | amostragem do solo | x | x | x | x | x | x | x |

† Sistema de pastagem convencional: CPS; sistema de plantio direto: NTS.

‡ Amostragem da erva paliçada.

No CPS, foi mantida a pastagem de capim-palanque. No T1, a adubação foi realizada na dose de 300 kg ha^{-1} de adubo sólido 10-10-10 (10% N, 10% P O_{25} , e 10% K_2 O). Em T3, a adubação foi realizada na dose de 30,0 L ha^{-1} do fertilizante líquido NYon Phós 10-10-10 Max.

No NTS, a semeadura da soja foi realizada mecanicamente, sob plantio direto, sobre a palhada de milho e capim-palma, utilizando a cultivar de soja 67HO107 IPRO Corumbá. As sementes foram semeadas no espaçamento entre linhas de 0,5 m e densidade de 15,0 sementes m^{-1} (espaçamento entre plantas de 0,0666 m). No T1, a adubação foi realizada na semeadura na dose de 350 kg ha^{-1} de adubo sólido 04-20-20 (4% N, 20% P O_{25} , e 20% K_2 O). Em T2 e T3, a adubação foi realizada na semeadura na dose de 35,0 L ha^{-1} de adubo líquido NYon Phós 06-17-17 no solo. Além disso, foi feita adubação foliar com Co (0,8%), Mo (8,0%) e P O_{25} (10,0%) na dose de 0,12 L por 100 kg de semente e inoculante turfoso na dose de 5,0 por 40 kg de semente.

A sementeira do capim paliçada foi efectuada mecanicamente com 12,5 kg ha^{-1} de sementes forrageiras com um valor cultural de 80% misturadas com um adubo superfosfato simples (18% P O_{25} , 16% Ca, e 8% S-SO_4 ; prática corrente) na dose de 100 kg ha^{-1} . Uma linha foi semeada entre as linhas da cultura do milho.

O quadro 3 apresenta os teores de nutrientes dos fertilizantes sólidos e dos fertilizantes líquidos do solo utilizados neste estudo.

Tabela 3. Teores de nutrientes nos fertilizantes sólidos e nos fertilizantes líquidos do solo.

Fertilizante	N	P O_{25}	K O_2	Ca	Mg	S-SO_4	B	Mn	Zn	Mo
						%				
10-10-10	10	10	10	0.4		9.3				
08-28-16	8	28	16	1.7		3.6				
04-20-20	4	20	20	4.9		3.6	0.05	0.06	0.27	

20-00-20	20		20						
sulfato de amónio	20					22			
NYon Phós 10-10-10	10	10	10						
NYon Phós 10-10-10 Max	10	10	10	2	1	1	0.12	0.32	0.03
NYon Phós 06-19-11	6	19	11.1						
NYon Phós 06-17-17	6	17	17	2	1	1	0.12	0.53	0.03
Acelere NK	15		15						
Acelere NS	20					15			
NYon Power Mag				14.5	9				
NYon Solo Ca+S				15.5	13				

As fontes de N, P e K nos fertilizantes líquidos do solo foram o nitrato de amónio e a ureia (N); o fosfato monoamónico ($NH H_{42} PO_4$; P); e o cloreto de potássio (KCl; K).

A primeira adubação de cobertura do milho foi aplicada no estádio fenológico V4 (quatro folhas completamente expandidas), e a segunda adubação de cobertura foi aplicada no estádio fenológico V6 (seis folhas completamente expandidas).

Amostragem e análise

Amostragem e análise do solo

No dia 24 de abril de 2019, foram coletadas amostras de solo nas camadas de 0,0-0,2 e 0,2-0,4 m antes da aplicação dos tratamentos para determinar as características iniciais do solo e sua fertilidade (van Raij et al., 2001). As amostras foram recolhidas em dez pontos aleatórios em cada sistema de cultura nas camadas de 0,0-0,2 e 0,2-0,4 m; assim, foram recolhidas dez subamostras de cada camada do sistema de cultura. As dez subamostras foram homogeneizadas e agrupadas para formar uma amostra composta de cada camada de cada sistema de cultivo. O solo foi amostrado com uma sonda metálica e seco ao ar antes da análise.

O pH do solo (1:2,5 solo/0,01 M $CaCl_2$ suspensão) e a acidez total pH 7,0 ($H^+ + Al^{3+}$) foram determinados pela metodologia de van Raij et al. (2001). A acidez total é extraída do solo utilizando acetato de cálcio (C H_{46} CaO)$_4$ 1 mol

L^{-1} a pH 7, uma solução tamponada que remove o Al^{3+} e o H não associado do solo. O teor de S-SO$_4$ foi determinado pelo método do fosfato de cálcio (Ca$_3$ (H$_2$ PO))$_{42}$ (van Raij et al., 2001), e os níveis de P, K$^+$, Ca^{2+} , e Mg^{2+} no solo foram determinados por extração com resina de permuta iónica (van Raij et al., 2001). O método Ca$_3$ (PO)$_{42}$ baseia-se na extração de S-SO$_4$ das amostras de solo através de uma solução de Ca(H$_2$ PO)$_{42}$ 0,01 mol L^{-1} . A quantificação é efectuada por turbidimetria, causada pela presença de sulfato de bário (BaSO$_4$), formado pela reação de cloreto de bário di-hidratado (BaCl$_2$ .2H$_2$ O) com S-SO$_4$, extraído das amostras de solo. O processo de extração com resina de permuta iónica permite a avaliação do chamado fósforo lábil, através da dissolução gradual de compostos de fosfato da fase sólida do solo e da transferência de iões ortofosfato para a resina de permuta iónica. Além disso, como a extração é efectuada com uma mistura de resinas de permuta catiónica e aniónica, saturadas com bicarbonato de sódio, são também extraídos os catióes permutáveis, que são em grande parte transferidos do solo para a resina, especialmente se os níveis não forem demasiado elevados. A utilização do bicarbonato de sódio tem vantagens, pois os iões bicarbonato tamponam o meio a um pH próximo da neutralidade, condição favorável à dissolução dos fosfatos do solo, enquanto os iões sódio saturam a resina catiónica, permitindo a remoção dos catiões trocáveis do solo. A determinação do Ca^{2+} e do Mg^{2+} é feita por espetrofotometria de absorção atómica e a do K$^+$ por fotometria de chama. Estes resultados foram utilizados para calcular os valores de saturação de bases (SB) através da relação entre o teor de bases trocáveis no solo (Ca^{2+} , Mg^{2+} , e K$^+$).

No dia 16 de junho de 2020, foram recolhidas novas amostras de solo para análise química e determinação da fertilidade (van Raij et al., 2001). As amostras foram coletadas em cinco pontos aleatórios de cada parcela nas camadas de 0,0-0,2 e 0,2-0,4 m; assim, foram coletadas cinco subamostras de cada camada de cada parcela. As cinco subamostras foram homogeneizadas e agrupadas para formar uma amostra composta de cada camada de cada parcela. O solo foi amostrado com uma sonda metálica e seco ao ar antes da análise.

Em 1 de abril de 2021, foram recolhidas novas amostras de solo para análise química e determinação da sua fertilidade (van Raij et al., 2001), seguindo as mesmas metodologias utilizadas no ano anterior.

Amostragem e análise do rendimento em matéria seca

O DMY da forragem de capim paliçada no CPS foi avaliado em 12 de fevereiro de 2020 e em 16 de fevereiro de 2021. A biomassa da forragem em pé foi avaliada cortando a forragem junto ao solo dentro de uma armação de ferro de 0,5 x 0,5 m (0,25 m^2). Foram recolhidas cinco amostras de 0,5 m x 0,5 em cinco pontos aleatórios de cada parcela; assim, foram recolhidas cinco subamostras de cada parcela. As cinco subamostras foram homogeneizadas e reunidas para formar uma amostra composta de cada parcela. Após o corte, as amostras foram colocadas em sacos plásticos com capacidade de 50,0 kg e pesadas para obtenção do rendimento de matéria fresca da forragem de capim-palissada. Após a pesagem, as amostras foram picadas e subamostras de aproximadamente 0,5 kg por parcela foram retiradas, acondicionadas em sacos de papel e secas em estufa de ventilação forçada regulada a 65-70°C por 72 horas.

Amostragem e análise das folhas

As amostras de forragem de capim-palissada do CPS utilizadas para avaliação da DMY foram também utilizadas para análise foliar dos teores de macronutrientes, segundo metodologia proposta por Malavolta et al. (1997). A determinação de N foi realizada em extratos de mineralização sulfúrica pelo método semi-micro-Kjeldahl. Para a determinação de P, K, Ca, Mg e S, os extractos foram obtidos por digestão nítrico-perclórica. O P foi determinado pelo método do metavanato em espectrofotômetro (UV-visível); para o K, utilizou-se a fotometria de chama de emissão; para o S utilizou-se a turbidimetria com sulfato de bário (colorímetro); e para o Ca e Mg, utilizou-se a espetrofotometria de absorção atômica.

No NTS, no dia 22 de janeiro de 2020, foram coletadas amostras de folhas de milho para análise do teor de macronutrientes de acordo com a metodologia proposta por Malavolta et al. (1997). As amostras foram coletadas em dez pontos aleatórios por parcela em cada sistema de cultivo. As características agronômicas do milho foram avaliadas na colheita, realizada em 9 de março de 2020. As amostragens de altura de inserção da primeira espiga e altura de planta foram realizadas em cinco plantas de cada parcela, e as amostragens de estande final ha^{-1} , número de espigas ha^{-1} , massa de cem grãos e produtividade de grãos foram realizadas em 5 m das duas linhas centrais de cada parcela. As outras linhas foram utilizadas como bordadura. As espigas foram debulhadas numa debulhadora mecânica e o grão foi pesado. A humidade do grão foi medida para calcular o rendimento do grão, que foi normalizado para uma humidade do grão de 13% (base húmida). Em seguida, separam-se cem grãos para obter a massa de cem grãos.

No NTS, no dia 16 de fevereiro de 2021, foram coletadas amostras de folhas de soja para análise do teor de macronutrientes de acordo com a metodologia proposta por Malavolta et al. (1997). As amostras foram coletadas em dez pontos aleatórios por parcela em cada sistema de cultivo. As características agronômicas da soja foram avaliadas na colheita, em 31 de março de 2021. A altura de inserção da primeira vagem e a altura de planta foram determinadas em cinco plantas de cada parcela, e a amostragem do estande final ha^{-1} , massa de cem grãos e rendimento de grãos foi realizada em 5 m das duas linhas centrais de cada parcela. As outras fileiras foram utilizadas como bordadura. As vagens foram debulhadas numa debulhadora mecânica e os grãos foram pesados. A humidade do grão foi medida para calcular o rendimento do grão, que foi padronizado para uma humidade do grão de 13% (base húmida). Em seguida, separam-se cem grãos para obter a massa de cem grãos.

Capítulo 4: Resultados da investigação

As características iniciais do solo são apresentadas no Quadro 4.

Tabela 4. Características iniciais do solo nas camadas de 0,0-0,2 e 0,2-0,4 m, 2019.

Atributo	Sistemas de culturas[†]			
	CPS	NTS	CPS	NTS
	Camadas (m)			
	--- 0.0-0.2 ---		--- 0.2-0.4 ---	
P (resina), mg dm^{-3}	7	11	3	11
S-SO$_4$, mg dm^{-3}	5	2	5	2
Matéria orgânica, g dm^{-3}	18	14	13	10
pH (1:2,5 solo/0,01 M CaCl$_2$ suspensão)	5.4	4.5	5.4	4.2
K$^+$, cmol$_c$ dm^{-3}	0.2	0.2	0.1	0.1
Ca^{2+} , cmol$_c$ dm^{-3}	2.1	0.8	1.2	0.5
Mg^{2+} , cmol$_c$ dm^{-3}	1.4	0.7	1	0.5
Al^{3+} , cmol$_c$ dm^{-3}	0.0	0.3	0.0	0.6
Acidez total pH 7,0 (H$^+$ + Al^{3+}), cmol$_c$ dm^{-3}	1.5	2.3	1.5	2.3
Saturação de base, %[‡]	69	42	61	32

[†] Sistema de pastagem convencional: CPS; sistema de plantio direto: NTS.

[‡] Saturação de bases = 100(Ca^{2+} + Mg^{2+} + K$^+$ /CEC pH 7,0).

Sistema de pastagem convencional

Os teores foliares de macronutrientes nas amostras de forragem recolhidas em 12 de fevereiro de 2020 e 16 de fevereiro de 2021 e o DMY do capim paliçada são apresentados no Quadro 5. Na temporada 2019/20, o conteúdo foliar de Ca foi 0,94 g kg^{-1} menor em T3 do que no tratamento controle (T4), e o DMY da forragem de capim paliçada não diferiu significativamente (P <0,05) entre os tratamentos. Na época 2020/21, os teores foliares de macronutrientes não diferiram significativamente (P < 0,05) entre os tratamentos, e o T1 aumentou a DMY da forragem de capim-palissada em 5833,31 kg ha^{-1} (88,32%) em relação à testemunha.

Tabela 5. Teores foliares de macronutrientes nas amostras de forragem e rendimento de matéria seca (DMY) da forragem de erva paliçada nas épocas 2019/20 e 2020/21.

Tratamento†	N	P	K	Ca		Mg	S	DMY††	
	g kg $^{-1}$							- kg ha^{-1}–	
	2019/20								
T1	9.22	1.95	16.95	3.49	ab¶	2.46	0.97	7290.2	
T3	9.01	1.79	15.08	3.19	b	2.24	0.86	7897.87	
T4	8.65	1.65	17.93	4.13	a	2.46	1	6626.94	
LSD‡	1.34	0.37	3.86	0.76		0.3	0.74	2331.3	
CV§	6.9	9.43	10.69	9.74		12.91	14.23	14.77	
	2020/21								
T1	7.75	1.43	22.05	2.74		2.49	1.18	12437.9	a
T3	8.44	1.45	19.8	2.58		2.29	1.12	10281.8	ab
T4	7.95	1.53	20.83	2.46		2.28	0.99	6604.59	b
LSD	1.59	0.64	4.8	0.83		0.41	0.32	5381.92	
CV	9.09	19.93	10.59	14.67		8.01	13.42	25.37	

† T1: Fertilizantes sólidos (fertilizante convencional); T3: Fertilizantes líquidos no solo com aplicação em área total; T4: Tratamento controle-sem fertilizante.

‡ LSD: Diferença menos significativa.

§ CV: Coeficiente de variação.

†† DMY: Rendimento de matéria seca.

Dentro das colunas, as médias seguidas pela mesma letra não são significativamente diferentes de acordo com a diferença mínima significativa (LSD) (0,05).

Os atributos químicos do solo na camada de 0,0-0,2 m são apresentados na Tabela 6. Na safra 2019/20, os atributos químicos do solo não diferiram significativamente ($P < 0,05$) entre os tratamentos. Na temporada 2020/21, o conteúdo de S-SO$_4$ foi 1,25 mg dm^{-3} maior em T1 do que no controle, e o conteúdo de Ca^{2+} foi 0,3 cmol$_c$ dm^{-3} maior em T3 do que no controle.

Tabela 6. Atributos químicos do solo do sistema de pastejo convencional (SPC) na camada de 0,0-0,2 m nas safras 2019/20 e 2020/21.

Atributo	Tratamento†			LS D‡	CV §	Tratamento			LS D	CV
	T1	T3	T4			T1	T3	T4		
	2019/20					2020/21				
P (resina), mg dm^{-3}	3.5	4.75	4.25	3.41	37.74	4.5	4	4	2.71	29.93
S-SO$_4$, mg dm^{-3}	3	2.25	3	0.96	16.03	5 a¶	4.25 ab	3.75 b	1,09	11,54
Matéria orgânica, g dm^{-3}	16	15.75	15.25	2.43	7.14	16.5	16.5	13.75	2.96	8.75
pH (1:2,5 solo/0,01 M CaCl$_2$ suspensão)	5.03	5.15	5.08	0.29	2.64	4.9	5.2	4.98	0.38	3.49
K$^+$, cmol$_c$ dm^{-3}	0.1	0.11	0.13	0.48	19.8	0.1	0.12	0.13	0.77	31
Ca^{2+} , cmol$_c$ dm^{-3}	1.18	1.23	1.1	3.49	13.78	1.3 ab	1.45 a	1.15 b	2.8	9.93
Mg^{2+} , cmol$_c$ dm^{-3}	0.6	0.6	0.6	4.09	31.43	0.7	0.83	0.75	2.92	17.72
Al^{3+} , cmol$_c$ dm^{-3}	0.08	0.03	0.03	0.72	80	0.18	0.05	0.15	1.4	51.64
Acidez total pH 7,0 (H$^+$ + Al^{3+}), cmol$_c$ dm^{-3}	1.65	1.58	1.6	1.66	4.75	2.28	1.98	2.05	5.45	11.96
Saturação de base, %††	53.25	55	53.25	10.7	9.16	47.75	55	49.5	11.51	10.45

† T1: Fertilizantes sólidos (fertilizante convencional); T3: Fertilizantes líquidos no solo com aplicação em área total; T4: Tratamento controle-sem fertilizante.

‡ LSD: Diferença menos significativa.

§ CV: Coeficiente de variação.

Dentro das colunas, as médias seguidas pela mesma letra não são significativamente diferentes de acordo com o LSD (0,05).

†† Saturação de bases = 100(Ca^{2+} + Mg^{2+} + K$^+$ /CEC pH 7,0).

Sistema de plantio direto

Os teores foliares de macronutrientes em amostras de milho coletadas em 22 de janeiro de 2020 e em amostras de soja coletadas em 16 de fevereiro de 2021 são apresentados na Tabela 7. Na temporada 2019/20, o conteúdo foliar de N foi 5,46 e 4,13 g kg^{-1} maior em T1 e T2, respetivamente, do que o controle. O T1 também aumentou o teor foliar de N em 3,97 g kg^{-1} em comparação com o T3; o teor foliar de Ca e Mg em 0,96 e 0,43 g kg^{-1} , respetivamente, em comparação com o controlo; e o teor foliar de S em 1,17, 1,56 e 1,41 g kg^{-1} em comparação com T2, T3 e o controlo, respetivamente. Na safra 2020/21, os teores foliares de macronutrientes nas amostras de soja não diferiram ($P < 0,05$) entre os tratamentos.

Tabela 7. Teores foliares de macronutrientes no milho na época 2019/20 e na soja na época 2020/21.

Tratamento†	N		P	K	Ca		Mg		S	
				g kg $^{-1}$						
T1	26.18	a¶	2.4	19.12	3.7	a	1.27	a	2.81	a
T2	24.85	ab	2.19	18.16	3.35	ab	1.01	ab	1.64	b
T3	22.21	bc	2.03	19.1	3.24	ab	1.04	ab	1.25	b
T4	20.72	c	2.43	16.88	2.74	b	0.84	b	1.4	b
LSD‡	3.42		0.44	3.09	0.95		0.3		0.47	
CV§	6.59		8.72	7.62	13.14		12.91		12.11	
T1	43.26		1.14	22.79	9.16		3.21		1.7	
T2	42.42		1.26	22.01	8.89		2.98		1.94	
T3	40.51		1.34	22.56	9.08		2.9		1.86	
T4	39.53		1.25	23.47	8.09		3.44		1.72	
LSD	5.31		0.36	3.4	1.27		0.76		0.61	
CV	5.8		12.93	6.77	6.54		10.96		15.37	

† T1: Fertilizantes sólidos (adubo convencional); T2: Fertilizantes líquidos do solo com aplicação no sulco de semeadura; T3: Fertilizantes líquidos do solo com aplicação em área total; T4: Tratamento controle-sem fertilizante.

‡ LSD: Diferença menos significativa.

§ CV: Coeficiente de variação.

Dentro das colunas, as médias seguidas pela mesma letra não são significativamente diferentes de acordo com o LSD (0,05).

O quadro 8 apresenta as características agronómicas do milho; T1 aumentou a altura de inserção da primeira espiga em 0,18 e 0,23 m em relação a T2 e T4, respetivamente.

Tabela 8. Características agronómicas do milho na época 2019/20.

Tratamento †	IH¶		PH††	FS‡‡	NE§§	OHG¶¶	Rendimento de grãos
	m -			ha⁻¹		g -	kg ha⁻¹ –
T1	1.03	a††	2.13	77500	75000	27.45	8158.33
T2	0.85	b	1.98	86666.7	86666.75	25.18	8472.17
T3	0.89	ab	2.07	87500	87500	25.1	8266.67
T4	0.8	b	1.86	89166.7	85000	24.22	7577.83
LSD‡	0.16		0.3	20258.3	18871.49	3.72	2453.99
CV§	8.07		6.68	10.76	10.22	6.61	13.68

† T1: Fertilizantes sólidos (adubo convencional); T2: Fertilizantes líquidos do solo com aplicação no sulco de semeadura; T3: Fertilizantes líquidos do solo com aplicação em área total; T4: Tratamento controle-sem fertilizante.

‡ LSD: Diferença menos significativa.

§ CV: Coeficiente de variação.

IH: Altura de inserção da primeira orelha.

†† PH: Altura da planta.

‡‡ FS: Posição final.

§§ NE: Número de orelhas

OHG: Massa de cem grãos.

††† Dentro das colunas, médias seguidas pela mesma letra não são significativamente diferentes de acordo com LSD (0,05).

Não houve diferenças ($P < 0,05$) nas características agronômicas da soja entre os tratamentos, como mostra a Tabela 9. A baixa precipitação pluviométrica e a alta temperatura média após a semeadura (Figura 1) reduziram a germinação e, consequentemente, o estande final ha^{-1} de todos os tratamentos. O baixo estande associado à baixa pluviosidade e alta temperatura média durante o período de enchimento de grãos (Figura 1) se reflete no baixo rendimento de grãos de todos os tratamentos.

Tabela 9. Características agronómicas da soja na época 2020/21.

Tratamento†	IH¶	PH††	FS‡‡	OHG§§	Rendimento de grãos
	m -		ha^{-1}–	g -	kg ha^{-1}
T1	0.09	0.52	180833.3	13.09	1612.1
T2	0.09	0.56	183333.3	13.52	1841.23
T3	0.09	0.53	181666.7	13.28	1642.02
T4	0.09	0.51	177777.8	13.99	1779.68
LSD‡	0.02	0.09	74402.23	2.21	756.11
CV§	10.69	7.97	18.61	7.43	19.91

† T1: Fertilizantes sólidos (adubo convencional); T2: Fertilizantes líquidos do solo com aplicação no sulco de semeadura; T3: Fertilizantes líquidos do solo com aplicação em área total; T4: Tratamento controle-sem fertilizante.

‡ LSD: Diferença menos significativa.

§ CV: Coeficiente de variação.

IH: Altura de inserção da primeira cápsula.

†† PH: Altura da planta.

‡‡ FS: Posição final.

§§ OHG: Massa de cem grãos.

Como mostra a Tabela 10, não houve diferenças ($P < 0,05$) nos atributos químicos do solo na camada de 0,0-0,2 m entre os tratamentos na safra 2019/20. O teor de S foi de 1,0 mg dm^{-3} em todas as amostras dos quatro tratamentos, e, portanto, não foi realizada análise estatística do teor de S. Na época 2020/21, o teor de P foi 12,5 mg dm^{-3} mais elevado no T3 do que no controlo.

Tabela 10. Atributos químicos do solo do sistema de plantio direto (SPD) na camada de 0,0-0,2 m nas safras 2019/20 e 2020/21.

Atributo	Tratamento†				LS D‡	CV §	Tratamento				LS D	CV
	T1	T2	T3	T4			T1	T2	T3	T4		
	2019/20						2020/21					
P (resina), mg dm^{-3}	17.75	13.25	12.75	9.5	9.94	33.79	26.75 ab ††	31.75 ab	35 a	22.5 b	11.68	18.23
S-SO$_4$, mg dm^{-3}							2.5	2.75	4.25	2.75	2.39	35.37
Matéria orgânica, g dm^{-3}	15	14.25	14.25	15.5	1.47	4.52	14	14	13.75	14.5	2.81	9.05
pH (1:2,5 solo/0,01 M CaCl$_2$ suspensão)	4.2	4.3	4.33	4.4	0.4	4.17	4.88	5.1	5.05	4.85	0.93	8.5
K$^+$, cmol$_c$ dm^{-3}	0.13	0.11	0.13	0.14	0.6	21.07	0.28	0.35	0.35	0.35	1.62	22.03
Ca^{2+} , cmol$_c$ dm^{-3}	0.75	0.75	0.78	0.85	3.46	20.04	2.28	2.33	2.48	1.9	9.36	18.88
Mg^{2+} , cmol$_c$ dm^{-3}	0.38	0.45	0.45	0.53	3.04	30.54	1.35	1.05	1.15	0.7	6.5	27.66
Al^{3+} , cmol$_c$ dm^{-3}	0.55	0.45	0.35	0.4	4.93	50.97	0.15	0.1	0.18	0.23	1.33	36.98
Acidez total pH 7,0 (H$^+$ + Al^{3+}), cmol$_c$ dm^{-3}	2.8	2.8	2.5	2.58	8.14	13.8	2.63	2.18	2.38	2.73	13.58	24.83
Saturação de base, %¶	31	32.25	35	37	16.33	21.86	58.5	61.25	57.5	52.5	13.38	10.54

† T1: Fertilizantes sólidos (adubo convencional); T2: Fertilizantes líquidos de solo com aplicação no sulco de semeadura; T3: Fertilizantes líquidos com aplicação em área total; T4: Tratamento controle-sem fertilizante.

‡ LSD: Diferença menos significativa.

§ CV: Coeficiente de variação.

¶ Saturação de bases = 100(Ca^{2+} + Mg^{2+} + K$^+$ /CEC pH 7.0).

†† Dentro das colunas, médias seguidas pela mesma letra não são significativamente diferentes de acordo com LSD (0,05).

Alterações no teor de macronutrientes das folhas

A absorção de nutrientes na cultura do milho teve maior resposta à fertilização líquida do que a do capim-palma e da soja. No entanto, foram relatados efeitos variáveis da aplicação de fertilizantes líquidos no conteúdo de macronutrientes nas folhas. Em uma comparação de fertilizantes organominerais e minerais sólidos e líquidos em um Kandiudox Distrochrept e Rhodic, Corrêa et al. (2018) descobriram que o fertilizante organomineral líquido aumentou o teor de N foliar em comparação com o fertilizante organomineral sólido na temporada 2011/12, mas não na temporada 2010/11. Diferenças no teor de P foliar entre as formas sólida e líquida do fertilizante mineral foram observadas apenas no Kandiudox Rhodic na safra 2011/12, e não foram observadas diferenças no teor de K foliar.

Além disso, as melhorias no teor de macronutrientes nas folhas devido à aplicação de fertilizantes podem não se refletir necessariamente em aumentos no rendimento das culturas. No presente estudo, o teor de Ca nas folhas foi menor em T3 do que no controle no CPS na temporada 2019/20, mas não houve diferenças no DMY da forragem de grama paliçada entre os tratamentos. Caires et al. (1999) relataram anteriormente uma correlação positiva entre o rendimento de grãos de milho e o S foliar, mas no NTS na época 2019/20, o rendimento de grãos de milho não foi maior em T1 do que nos outros tratamentos, apesar do maior teor de S foliar do que os outros tratamentos, maior teor de N foliar do que T3 e o controle, e maior teor de Ca e Mg foliar do que o controle. Como o padrão de liberação de nutrientes pelos fertilizantes sólidos é determinado por variações na composição do polímero e na espessura do revestimento (Bley et al., 2017), a umidade do solo pode impactar a liberação de nutrientes e, consequentemente, a absorção pelas plantas, levando a efeitos no rendimento de grãos. Por outro lado, os fertilizantes líquidos solúveis em água não dependem da humidade do solo para a sua libertação e absorção pelas plantas. A precipitação pluviométrica foi baixa durante o período de enchimento de grãos (Figura 1) e, portanto, o menor rendimento de grãos de milho do T1 em comparação com o T2 pode refletir a umidade inadequada do solo para a liberação de fertilizantes sólidos.

Alterações das características agronómicas

A cultura do milho foi mais influenciada pela adubação líquida do que o capim-palma e a soja, mas os efeitos da aplicação de fertilizantes líquidos sobre as características agronômicas também foram variáveis. Corrêa et al. (2018) verificaram que tanto o fertilizante mineral líquido quanto o sólido aumentaram o rendimento de grãos do milho em relação à testemunha, mas não observaram diferenças entre as formas líquida e sólida no Kandiudox Rodes em nenhuma das safras e nem no Distrochrept na safra 2010/11. Na época 2011/2012, a forma sólida aumentou o rendimento de grãos no Distrochrept em 2590 kg ha^{-1} em comparação com a forma líquida. Lima et al. (2018) verificaram que a dose de N fornecida pelo fertilizante organomineral líquido influenciou a porcentagem de cobertura do solo pela cultivar de capim-zóio Esmeralda (*Zoysia japonica* Steud.). Em condições de estufa com água e outros nutrientes não limitados, McBeath et al. (2005) referiram que os fertilizantes líquidos de P (ácido fosfórico e polifosfato de amónio) aumentaram o DMY do trigo em comparação com os produtos granulares (superfosfato triplo) nos solos calcários de Victoria e do Sul da Austrália. Em contraste, Lathwell et al. (1960), Sutton e Larsen (1964), Adriano e Murphy (1970), Khasawneh et al. (1974, 1979) e Parent et al. (1985) não observaram diferenças significativas na eficiência do P quando aplicado em formas líquidas ou granulares em solos não calcários com pH ligeiramente ácido a ligeiramente alcalino, nos quais a disponibilidade de P não é tipicamente inibida no mesmo grau que em muitos solos alcalinos no sul da Austrália. De acordo com McBeath et al. (2005), a correlação positiva da eficiência de absorção de P com o DMY do trigo para fertilizantes líquidos em comparação com o superfosfato triplo granular sugere que o mecanismo subjacente ao aumento da eficácia dos fertilizantes líquidos está relacionado com o aumento da biodisponibilidade de P para absorção pelas plantas. No entanto, Alam et al. (2015) não observaram um aumento no rendimento de grãos de arroz Kataribhog quando um fertilizante líquido com 10,51% de N total, 5,58% de P, 6,33% de K, 0,10% de S, 0,16% de zinco (Zn), 0,04% de cobre (Cu), 0,0006% de Fe, 0.006%

de manganês (Mn), 0,25% de boro (B), 0,07% de Ca e 0,007% de Mg foi comparado com um fertilizante sólido composto por ureia, superfosfato triplo, cloreto de potássio (KCl), fosfogesso e sulfato de zinco ($ZnSO_4$) a 120-100-60-15-5 kg ha^{-1} .

No presente estudo, a maior altura de inserção da primeira espiga observada em T1 no NTS na safra 2019/20 não se refletiu no rendimento de grãos. A falta de efeito no rendimento da soja entre o tratamento de controle e os tratamentos em que os fertilizantes foram aplicados é devido aos altos níveis (de acordo com van Raij et al., 1997) de S-SO_4 (12 mg dm^{-3}), K$^+$ (0,4 cmol$_c$ dm^3), Ca^{2+} (1,4 cmol$_c$ dm^3) e Mg^{2+} (0,8 cmol$_c$ dm^3) na camada de 0,0-0,2 m antes da instalação do experimento em 2019 (Tabela 4).

Lombi et al. (2004) relataram que, em solos calcários, o P de fertilizantes líquidos se difunde mais no solo do que o P de fertilizantes granulares, com uma quantidade maior de P permanecendo potencialmente disponível ou isotopicamente trocável. Nestes solos, uma proporção significativa de P permanece no grânulo do fertilizante e não se difunde para o solo circundante. Num estudo sobre a eficiência do fertilizante no fornecimento de P em solos calcários e alcalinos, Holloway et al. (2001) verificaram que o fertilizante líquido aumentou o rendimento de grãos de trigo em 22% a 27% em comparação com um produto granular num Calcixerollic xerochrepts e relacionaram a maior eficiência dos fertilizantes líquidos com a humidade do solo e os efeitos da colocação do fertilizante. O baixo rendimento de grãos de todos os tratamentos foi devido a condições climáticas desfavoráveis durante o período de enchimento de grãos, com precipitação de apenas 51,3 mm e uma temperatura média de 27,1°C em fevereiro de 2021 (Figura 1).

Alterações nos atributos químicos do solo

Os teores de P, Ca^{2+} e Mg^{2+} e a saturação por bases do solo responderam melhor à fertilização líquida do que outros atributos químicos do solo. No entanto, tal como os teores foliares de macronutrientes e as características agronómicas, os efeitos do fertilizante líquido nos atributos químicos do solo foram variáveis.

Além disso, as melhorias nos atributos químicos do solo devido à aplicação de fertilizantes não se reflectiram necessariamente no aumento do rendimento dos grãos. Em sua comparação de fertilizantes sólidos e líquidos, Correa et al. (2018) encontraram diferenças no conteúdo de P na camada de 0,1-0,2 m, mas não na camada de 0,0-0,1 m no Distrochrept, enquanto no Rhodic, foram encontradas diferenças na camada de 0,0-0,1 m, mas não na camada de 0,1-0,2 m. Não foram observadas diferenças no teor de K^+ entre as formas sólida e líquida. Godfrey et al. (1959), Adriano e Murphy (1970) e Spratt (1973) descobriram que a absorção de P foi aumentada pelo fornecimento de P como polifosfato de amónio (fertilizante líquido) em comparação com ortofosfatos, mas não foi associada a aumentos significativos de rendimento. Da mesma forma, Korndörfer e Melo (2009) não encontraram diferenças na produtividade agrícola e industrial da cana-de-açúcar entre a aplicação de fontes líquidas e sólidas de fósforo (superfosfato triplo, superfosfato simples, ácido fosfórico (H_3PO_4) e uma mistura de ácido fosfórico e fosfato natural). Korndörfer e Melo observaram que o ácido fosfórico, embora seja uma fonte totalmente solúvel, entra em contacto com um maior volume de solo quando aplicado na forma líquida do que os fosfatos solúveis aplicados na forma granular. Consequentemente, o ácido fosfórico líquido reage mais intensamente com o solo, diminuindo o P disponível para a planta. No entanto, Korndörfer e Melo afirmaram que o ácido fosfórico (fonte líquida) é tecnicamente viável para uso como fonte de P para a cana-de-açúcar. Em contrapartida, na safra 2020/21 do presente estudo, o maior teor de S-SO do solo₄ proporcionado pelo T1 em relação à testemunha no CPS refletiu-se em maior DMY da forragem de palmiteiro. Esses resultados corroboram Caires et al. (1999), que também encontraram um aumento no rendimento de grãos de milho com o aumento dos teores de $S-SO_4$ e Ca^{2+} do solo.

Referências

Adriano, D. C., & Murphy, L. S. (1970). Efeitos dos polifosfatos de amónio na produção e composição química do milho irrigado. *Agronomy Journal*, 62, 561-567. https://doi.org/10.2134/agronj1970.00021962006200050003x

Alam, Z., Sadekuzzaman, S. S., & Hafiz, H. R. (2015). Reduzir a aplicação de fertilizante nitrogenado no solo como influenciado pela fertilização líquida no rendimento e nas características de rendimento do arroz kataribhog. *Revista Internacional de Agronomia e Pesquisa Agrícola*, 6, 63-69.

Amoah, A. A., Masateru, S., Shuichi, M., & Kengo, I. (2012). Efeitos do manejo da fertilidade do solo no crescimento, rendimento e eficiência do uso da água do milho e propriedades selecionadas do solo. *Comunicações em Ciência do Solo e Análise de Plantas*, 43, 924-935. https://doi.org/10.1080/00103624.2012.653028

Achorn, J. R., & Cox, T. R. (1971). Produção, comercialização e utilização de fertilizantes sólidos, em solução e em suspensão. In: Olson, R. A. (ed.). *Fertilizer technology and use* (2ª ed., pp. 381-412). Soil Science Society of America.

Bertol, I. Albuquerque, J. A. Leite, D. Amaral, A. J., & Zoldan Júnior, W. A. (2004). Propriedades físicas do solo sob preparo convencional e semeadura direta em rotação e sucessão de culturas, comparadas às do campo nativo. (Em português, com resumo em inglês.) *Revista Brasileira de Ciência do Solo*, 28, 155-163. https://doi.org/10.1590/S0100-06832004000100015

Bley, H., Gianello, C., Santos, L. S., & Selau, L. P. R. (2017). Liberação de nutrientes, nutrição de plantas e lixiviação de potássio de fertilizantes revestidos com polímeros. *Revista Brasileira de Ciência do Solo*, 41, e0160142. https://doi.org/10.1590/18069657rbcs20160142

Borges, W. L. B. (2012). A importância da palha. A Granja, 767, 67-69.

Brodowska, M. S., Wyszkowski, M., & Bujanowicz-Haraś, B. (2022). Fertilização mineral e cultivo de milho como fatores que determinam o teor de oligoelementos no solo. *Agronomia*, 12, 286. https://doi.org/10.3390/agronomy12020286

Caires, E. F., Fonseca, A. F., Mendes, J., Chueiri, W. A., & Madruga, E. F. (1999). Produção de milho, trigo e soja em função das alterações das características químicas do solo pela aplicação de calcário e gesso na superfície, em sistema plantio direto. (Em português, com resumo em inglês.) *Revista Brasileira de Ciência do Solo*, 23, 315-327. https://doi.org/10.1590/S0100-06831999000200016

Ceretta, C. A., Basso, C. J., Herbes, M. G., Poletto, N. C., & Silveira, M. J. (2002). Produção e decomposição de fitomassa de plantas invernais de cobertura de solo e milho, sob diferentes manejos da adubação nitrogenada. *Ciência Rural*, 32, 49-54. https://doi.org/10.1590/S0103-84782002000100009

Choairy, S. A., Lacerda, J. T., & Fernandes, P. D. (1990). Adubação líquida e sólida de nitrogênio e potássio em abacaxizeiro 'Smooth Cayenne', na Paraíba. (Em português, com resumo em inglês.) *Pesquisa Agropecuária Brasileira*, 25, 733-737.

Centro Integrado de Informações Agrometeorológicas - CIIAGRO. (2021). *Resenha: Votuporanga no período de 01/05/2019 até 31/05/2020.* Instituto Agronômico. http://www.ciiagro.sp.gov.br/ciiagroonline/Listagens/Resenha/LResenhaLocal.asp

Chaab, A., Savaghebi, G. R., & Motesharezadeh, B. (2011). Diferenças na eficiência do zinco entre e dentro das cultivares de milho num solo calcário. *Asian Journal of Agricultural Sciences*, 3, 26-31.

Corrêa, J. C., Rebellatto, A., Grohskopf, M. A., Cassol, P. C., Hentz, P., & Rigo, A. Z. (2018). Fertilidade do solo e rendimento agrícola com a aplicação de organomineral ou mineral. *Pesquisa Agropecuária Brasileira*, 53, 633-640. http://dx.doi.org/10.1590/S0100-204X2018000500012

Costa, M. C. G., Vitti, G. C., & Cantarella, H. (2003). Perdas de $N\text{-}NH_3$ de fontes de nitrogênio aplicadas sobre a palha de cana-de-açúcar não queimada. *Revista Brasileira de Ciência do Solo*, 27, 631-637. https://doi.org/10.1590/S0100-06832003000400007

Eisvand, H. R., Kamaei, H., & Nazarian, F. (2018). Fluorescência da clorofila, rendimento e componentes do rendimento do trigo para pão afetados pelo biofertilizante fosfato, zinco e boro sob estresse térmico no final da estação. *Photosynthetica*, 56, 1287-1296. https://doi.org/10.1007/s11099-018-0829-1

Fagundes, A. V. (2006). *Adubação líquida na implantação da lavoura cafeeira (Coffea arabica L.).* (Dissertação de mestrado). Universidade Federal de Lavras, Lavras.

Godfrey, C. L., Fisher, F. L., & Norris, M. J. (1959). Uma comparação do metafosfato de amónio e do ortofosfato de amónio com o superfosfato no rendimento e na composição química das culturas cultivadas em condições de campo. *Soil Science Society of America Journal*, 23, 43-46. https://doi.org/10.2136/sssaj1959.03615995002300010020x

Guimarães, R. J., & Mendes, A. N. G. (1997). *Nutrição mineral do cafeeiro.* UFLA.

Holloway, R., Bertrand, I., Frischke, A., Brace, D. M., McLaughlin, M. J., & Shepperd, W. (2001). Melhoria da eficiência dos fertilizantes em solos calcários e alcalinos com fontes fluidas de P, N e Zn. *Plant and Soil*, 236, 209-219. https://doi.org/10.1023/A:1012720909293

Khasawneh, F. E., Sample, E. C., & Hashimoto, I. (1974). Reação de fertilizantes de amónio orto e polifosfato no solo: I. Mobilidade do fósforo. *Soil Science Society of America Journal*, 38, 446-451.

Khasawneh, F. E., Hashimoto, I., & Sample, E. C. (1979). Reacções de fertilizantes de orto e polifosfato de amónio no solo: II. Hidrólise e reacções com o solo. *Soil Science Society of America Journal*, 43, 52-57.

Korndörfer, G. H., & Melo, S. P. (2009). Fontes de fósforo (fluido ou sólido) na produtividade agrícola e industrial da cana-de-açúcar. (*Ciência e Agrotecnologia*, 33, 92-97. https://doi.org/10.1590/S1413-70542009000100013

Lara Cabezas, W. A. R., Trivelin, P. C. O., Kondörfer, G. H., & Pereira, S. (2000). Balanço da adubação nitrogenada sólida e fluida de cobertura na cultura de milho, em sistema plantio direto no Triângulo Mineiro (MG). (Em português, com resumo em inglês.) *Revista Brasileira de Ciência do Solo*, 24, 363-376. https://doi.org/10.1590/S0100-06832000000200014

Lathwell, D. J., Cope, J. T., & Webb, J. R. (1960). Liquid fertilizers as sources of phosphorus for field crops. *Agronomy Journal*, 52, 251-254. https://doi.org/10.2134/agronj1960.00021962005200050003x

Lee, R. G. (1987). *Suspensões de azoto zero*. Soluções.

Lima, C. P., Backes, C., Santos, A. J. M., Villas Bôas, R. L., Fernandes, D. M., Godoy, L. J. G., & Oliveira, M. R. (2018). Produção de capim-sudão e os efeitos de fertilizantes organominerais líquidos e espessura do capim-sudão. *Scientia Agricola*, 75, 346-353. http://dx.doi.org/10.1590/1678-992X-2016-0320

Liu, Q., Xu, H., Mu, X., Zhao, G., Gao, P., & Sun, W. (2020). Efeitos de diferentes regimes de fertilização no rendimento das culturas e na eficiência do uso da água no solo do milheto e da soja. *Sustainability*, 12, 4125. https://doi.org/10.3390/su12104125

Lombi, E., McLaughlin, M. J., Johnston, C., Armstrong, R. D., & Holloway, R. E. (2004). A mobilidade e a labilidade do fósforo do fosfato monoamónico granular e fluido diferem num solo calcário. *Soil Science Society of America Journal*, 68, 682-689. https://doi.org/10.2136/sssaj2004.6820

Malavolta, E., Vitti, G. C., & Oliveira, S. A. (1997). *Avaliação do estado nutricional das plantas: princípios e aplicações*. (2a ed). Associação Brasileira de Potassa e do Fósforo.

Matiello, J. B. (2002). *Cultura de café no Brasil: Novo manual de recomendações*. Fundação Procafé.

McBeath, T. M., Armstrong, R. D., Lombi, E., McLaughlin, M. J., & Holloway, R. E. (2005). Responsividade do trigo (*Triticum aestivum*) a fertilizantes líquidos e granulados de fósforo em solos do sul da Austrália. *Australian Journal of Soil Research*, 43, 203-212. https://doi.org/10.1071/SR04066

Olson, R. A., & Kurtz, L. T. (1982). Necessidades de azoto das culturas, utilização e fertilização. In: Stevenson, F. J. (ed.). *Nitrogen in agricultural soils (nitrogénio em solos agrícolas)* (pp. 567-604). Sociedade Americana de Agronomia. (Agronomia, 22)

Parent, L. E., Mackenzie, A. F., & Perron, Y. (1985) Rate of P uptake by onions compared with rate of pyrophosphate hydrolysis in organic soils. *Canadian Journal of Plant Science*, 65, 1091-1095. https://doi.org/10.4141/cjps85-142

Prasertsak, P., Freney, J. R., Denmead, O. T., Saffigna, P. G., Prove, B. G., & Reghenzani, J. R. (2002). Efeito da colocação de fertilizante na perda de nitrogênio da cana de açúcar em Queensland tropical. *Nutrient Cycling in Agroecosystems*, 62, 229-239. https://doi.org/10.1023/A:1021279309222

Robertson, G. P., & Vitousek. P. M. (2009). Nitrogénio na agricultura: equilibrando o custo de um recurso essencial. *Revista Anual de Meio Ambiente e Recursos*, 34, 97-125.

Rodrigues, M. B., & Kiehl, J. C. (1986). Volatilização de amônia após emprego da ureia em diferentes doses e modos de aplicação (Em português, com resumo em inglês.) *Revista Brasileira de Ciência do Solo*, 10, 37-43.

Santinato, R., & Pereira, E. M. (1996). Eficácia da adubação líquida de N e K_2 O em cafeeiros em produção. In: CONGRESSO BRASILEIRO DE PESQUISAS CAFEEIRAS, 22, Águas de Lindóia. Anais... Brasília, DF: MAA-PROCAFE; 1996.

Silva, A. R. B. (2000). Comportamento de variedades/híbridos de milho (*Zea mays* L.) em diferentes tipos de preparo de solo. (Dissertação de mestrado). Universidade Estadual Paulista, Botucatu.

Silva, F. A. S., & Azevedo, C. A. V. (2016). O Software Assistat Versão 7.7 e sua utilização na análise de dados experimentais. *African Journal of Agricultural Research*, 11, 3733-3740. https://doi.org/10.5897/ajar2016.11522

Silva, M. J., Franco, H. C. J., & Magalhães, P. S. G. (2017). Aplicação de fertilizante líquido em cana soca utilizando como método a punção de óleo. *Soil & Tillage Research*, 165, 279-285. http://dx.doi.org/10.1016/j.still.2016.08.020

Pessoal do levantamento do solo. (2014). *Chaves para a taxonomia do solo.* (12ª ed). Serviço de Conservação dos Recursos Naturais do USDA.

Spera, T. S., Santos, H. P., Kochhann, R. A.; Denardim, J. E., & Spera, M. R. N. (2005). Compactação de solos sob sistema plantio direto no Sul do

Brasil. In: SIMPÓSIO SOBRE PLANTIO DIRETO E MEIO AMBIENTE, 1, Foz do Iguaçu. Anais... Ponta Grossa: FEBRAPDP; 2005.

Spratt, E. D. (1973). O efeito dos fosfatos de amónio e ureia com e sem inibidor de nitrificação no crescimento e absorção de nutrientes do trigo. *Soil Science Society of America Journal*, 37, 259-263. https://doi.org/10.2136/sssaj1973.03615995003700020029x

Stone, L. F., Silveira, P. M., Moreira, J. A. A., & Braz, A. J. B. P. (2006). Evapotranspiração do feijoeiro irrigado em plantio direto sobre diferentes palhadas de culturas de cobertura. *Pesquisa Agropecuária Brasileira*, 41, 577-582. https://doi.org/10.1590/S0100-204X2006000400005

Sutton, C. D., & Larsen, S. (1964). O pirofosfato como fonte de fósforo para as plantas. *Journal of Soil Science*, 99, 196-201.

van Raij, B., N. M. Silva, O. C. Bataglia, J. A. Quaggio, R. Hiroce, H. Cantarella, R. Bellinazzi Junior, A. R. Dechen, & P. E. Trani. (Eds.). (1997). *Recomendação de adubação e calagem para o Estado de São Paulo.* Instituto Agronômico.

van Raij, B., Andrade, J. C., Cantarella, H., & Quaggio, J. A. (Eds.). (2001). *Análise química para avaliação da fertilidade do solo.* Instituto Agronômico.

Vecino, X., Reig, N., Bhushan, B., Gibert, O., Valderrama, C., & Cortina, J. L. (2019). Produção de fertilizante líquido por recuperação de amônia de fluxos regenerados ricos em amônia tratados usando contatores de membrana líquido-líquido. *Chemical Engineering Journal*, 360, 890-899. https://doi.org/10.1016/j.cej.2018.12.004

Vieira, R. F. (2000). Fertirrigação na cultura do café. In: Zambolim, L. *Café: produtividade, qualidade e sustentabilidade* (pp. 293- 322). UFV.

Printed by Books on Demand GmbH, Norderstedt / Germany